step 1　〔　　月　　日〕

1　道《みち》をつくる Ⅱ

目標時間は５分
分　　秒

Q ルールにしたがって，スタートからゴールまで線《せん》で結《むす》びましょう。

スタート ⇩

3	1	1	3	1	
					1
					1
					4
					1
					2

⇩ ゴール

ルール

① スタートからゴールまでの道順《みちじゅん》を記入《きにゅう》します。
② 同じマスを２回《かい》以《い》上《じょう》通《とお》ることはできません。
③ 進《すす》める方向《ほうこう》は，たてと横《よこ》だけで，ななめには進《すす》めません。
④ 数字《すうじ》は，その列《れつ》のマスのうち，道が通るマスの数《かず》を表《あらわ》しています。

「数」と「条件整理」の感覚を同時に養うパズルです。解き方（ルール）を丁寧に理解しましょう。道をつくるの特性に条件を組み合わせたパズルであることを理解し，数量の変化を気にしながら条件を整理しましょう。

step 1　〔　　月　　日〕

2　道《みち》をつくる Ⅱ

目標時間は５分
分　　秒

Q ルールにしたがって，スタートからゴールまで線《せん》で結《むす》びましょう。

スタート ⇩（左上）

1	4	4	4	1	1	
						3
						2
						1
						3
						1
						5

⇩ ゴール（右下）

ルール

① スタートからゴールまでの道順《みちじゅん》を記入《きにゅう》します。
② 同じマスを２回《かい》以《い》上《じょう》通《とお》ることはできません。
③ 進《すす》める方向《ほうこう》は，たてと横《よこ》だけで，ななめには進《すす》めません。
④ 数字《すうじ》は，その列《れつ》のマスのうち，道が通るマスの数《かず》を表《あらわ》しています。

「数」と「条件整理」の感覚を同時に養うパズルです。解き方（ルール）を丁寧に理解しましょう。
道をつくるの特性に条件を組み合わせたパズルであることを理解し，数量の変化を気にしながら条件を整理しましょう。

3 未《み》等《とう》式《しき》

目標時間は３分

分　　秒

Q ○の中《なか》に＋か－を入れて式《しき》を完成《かんせい》させなさい。

(1) 8 ○ 5 ○ 9 ○ 3 ＝ 7

(2) 11 ○ 3 ○ 5 ○ 7 ＝ 10

「数」や「推理」「条件整理」の感覚を同時に育成するパズルです。中学入試でも出題されることがあります。それぞれの条件にあわせた数を見極め，解答に結びつくための条件を丁寧に判断しましょう。

step 1 〔　　月　　日〕

4 未《み》等《とう》式《しき》

目標時間は3分
分　　秒

Q ◯の中《なか》に＋か－を入れて式《しき》を完成《かんせい》させなさい。

(1) 4 ◯ 8 ◯ 7 ◯ 5 ＝ 14

(2) 16 ◯ 7 ◯ 8 ◯ 9 ＝ 8

「数」や「推理」「条件整理」の感覚を同時に育成するパズルです。中学入試でも出題されることがあります。それぞれの条件にあわせた数を見極め，解答に結びつくための条件を丁寧に判断しましょう。

step 1　〔　　月　　日〕

5 魔《ま》方《ほう》陣《じん》 Ⅲ

目標時間は5分
分　　秒

Q 下《した》の表《ひょう》のあいているところに整数《せいすう》を入れ，
たてにたしても，横《よこ》にたしても，ななめにたしても，
それぞれの3つの数《すう》の和《わ》が同《おな》じになるようにしなさい。

（1）

		4
1	6	
	7	3

（2）

11	4	
	12	2
3		

「数」と「条件整理」の感覚を同時に養うパズルです。3つの数の和が問題によって変化するので，正確に数を導かなくてはいけません。次の一手をどのように導くかがキーポイントになるので，自分の力でそのポイントを見つけ出しましょう。

step 1

〔　　月　　日〕

6 魔《ま》方《ほう》陣《じん》 Ⅲ

目標時間は５分
分　　秒

Q 下《した》の表《ひょう》のあいているところに整数《せいすう》を入れ,
たてにたしても，横《よこ》にたしても，ななめにたしても，
それぞれの３つの数《すう》の和《わ》が同《おな》じになるようにしなさい。

（1）

		10
8	7	
	12	5

（2）

2	21	
	11	3
12		

「数」と「条件整理」の感覚を同時に養うパズルです。３つの数の和が問題によって変化するので，正確に数を導かなくてはいけません。
次の一手をどのように導くかがキーポイントになるので，自分の力でそのポイントを見つけ出しましょう。

〔　　月　　日〕

7 推《すい》理《り》算《ざん》

目標時間は３分

分　　秒

Q 次《つぎ》の問題《もんだい》を図《ず》やメモはかかないで，頭《あたま》の中《なか》で考《かんが》えて解《と》きましょう。わからなかったり，まちがえた場合《ばあい》に図《ず》をかいて確認《かくにん》してください。

（1）かずや君《くん》，さとし君，けい子《こ》さんの体重《たいじゅう》をくらべました。

① さとし君よりも，けい子さんの方《ほう》が軽《かる》い。
② かずや君は，２番目《ばんめ》に重《おも》い人ではない。
③ けい子さんは，３番目に重い人ではない。

体重が重い順《じゅん》に書《か》きましょう。

１番	２番	３番

（2）太郎君《たろうくん》，次郎君《じろうくん》，花子《はなこ》さんの体重をくらべました。

① 次郎君は，太郎君より重い。
② 花子さんは，２番目に重い。

体重が重い順に書きましょう。

１番	２番	３番

「論理思考」と「条件整理」の感覚を育成するパズルです。複数の条件を整理しながら考える必要があります。どうしてもわからない場合は表などを使って考えてもかまいませんが，整理をする力を養うためにも頭の中だけで考えましょう。

8 推《すい》理《り》算《ざん》

目標時間は3分

分　秒

Q 次《つぎ》の問題《もんだい》を図《ず》やメモはかかないで，頭《あたま》の中《なか》で考《かんが》えて解《と》きましょう。わからなかったり，まちがえた場合《ばあい》に図《ず》をかいて確認《かくにん》してください。

（1） よしお君《くん》，たかし君，ひとみさんの体重《たいじゅう》をくらべました。

① よしお君は，ひとみさんより重《おも》い。

② よしお君は，たかし君より軽《かる》い。

体重が重い順《じゅん》に書《か》きましょう。

1番	2番	3番

（2） 太郎君《たろうくん》，次郎君《じろうくん》，花子《はなこ》さんの身長《しんちょう》をくらべました。

① 太郎君は，花子さんより高《たか》い。

② 次郎君は一番《いちばん》高い。

身長が高い順に書きましょう。

1番	2番	3番

「論理思考」と「条件整理」の感覚を育成するパズルです。複数の条件を整理しながら考える必要があります。どうしてもわからない場合は表などを使って考えてもかまいませんが，整理をする力を養うためにも頭の中だけで考えましょう。

step 1　　〔　月　日〕

9 四角《しかく》に分《わ》ける

目標時間は５分

分　秒

Q ルールにしたがって，線《せん》を引《ひ》いて
いくつかの四角《しかく》に分《わ》けましょう。

2					7		
	6			4			
			6			2	
6				4			4
		8			3		
				12			

ルール

① 図《ず》のマスを１つもあまらないように正方形《せいほうけい》または長方形《ちょうほうけい》に分けます。
② １つの正方形または長方形の中《なか》には必《かなら》ず数字《すうじ》が１つ入《はい》ります。
③ ②の数字はその正方形または長方形にふくまれるマスの数《かず》を表《あらわ》します。
④ 同《おな》じマスを２つの正方形または長方形が同時《どうじ》に使《つか》うことはできません。

「平面図形」と「条件整理」の感覚を同時に養うパズルです。解き方（ルール）を丁寧に理解しましょう。長方形・正方形の広さを感覚的にとらえながら，条件整理することで完成します。キーとなるところを見極めましょう。

〔　　月　　日〕

10 四角《しかく》に分《わ》ける

目標時間は５分

分　　秒

Q ルールにしたがって，線《せん》を引《ひ》いて
いくつかの四角《しかく》に分《わ》けましょう。

8							
			10				
	5					6	
				12			4
		6				8	
							5

ルール

① 図《ず》のマスを１つもあまらないように正方形《せいほうけい》または長方形《ちょうほうけい》に分けます。
② １つの正方形または長方形の中《なか》には必《かなら》ず数字《すうじ》が１つ入《はい》ります。
③ ②の数字はその正方形または長方形にふくまれるマスの数《かず》を表《あらわ》します。
④ 同《おな》じマスを２つの正方形または長方形が同時《どうじ》に使《つか》うことはできません。

「平面図形」と「条件整理」の感覚を同時に養うパズルです。解き方（ルール）を丁寧に理解しましょう。長方形・正方形の広さを感覚的にとらえながら，条件整理することで完成します。キーとなるところを見極めましょう。

11 ビルディング

目標時間は5分
　　分　　秒

Q ルールにしたがって，ビルが何階《なんかい》建《だ》てなのかを数字《すうじ》で答《こた》えましょう。

	3 ⇩	2 ⇩		2 ⇩	
2 ⇨					⇦ 2
					⇦ 2
3 ⇨					
		⇧ 3	⇧ 2		

ルール

① あなたは空《そら》から町《まち》を見《み》ています。
② それぞれのマスには，1階《かい》建《だ》てから4階建てのビルが建《た》っています。ただ，空から見ているので何《なん》階建てかわかりません。
③ 矢印《やじるし》の数字《すうじ》は，その場所《ばしょ》から見えるビルの数《かず》です。
④ この数字をヒントにマスの中のビルが何階建てなのか答《こた》えてください。
⑤ ただし，同《おな》じ列《れつ》（たて・横《よこ》）に同じ数字は入《はい》りません。

「立体図形」と「条件整理」の感覚を同時に養うパズルです。解き方（ルール）を丁寧に理解しましょう。立体イメージで整理する部分と，条件で整理をする部分を相互に使い分けながら完成させるため，高度な整理力が身につきます。

〔　月　日〕

12 ビルディング

目標時間は5分

分　秒

Q ルールにしたがって，ビルが何階《なんかい》建《だ》てなのかを数字《すうじ》で答《こた》えましょう。

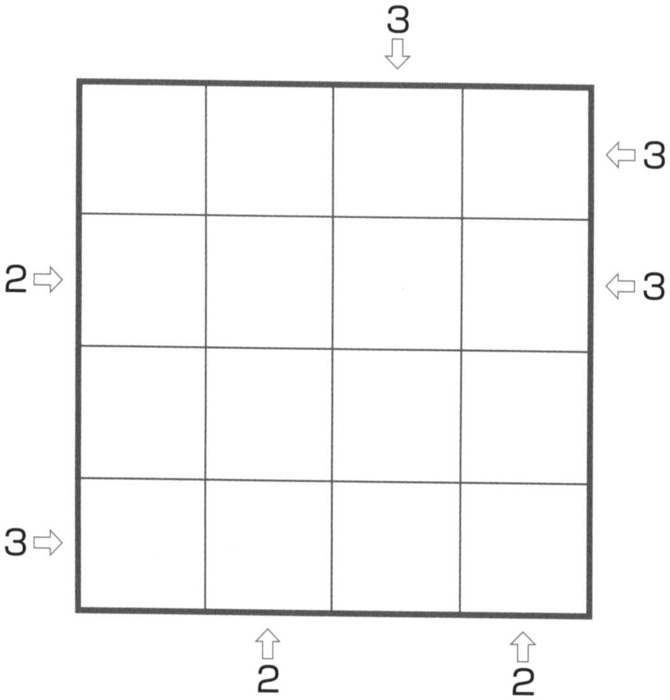

ルール

① あなたは空《そら》から町《まち》を見《み》ています。

② それぞれのマスには，1階《かい》建《だ》てから4階建てのビルが建《た》っています。ただ，空から見ているので何《なん》階建てかわかりません。

③ 矢印《やじるし》の数字《すうじ》は，その場所《ばしょ》から見えるビルの数《かず》です。

④ この数字をヒントにマスの中のビルが何階建てなのか答《こた》えてください。

⑤ ただし，同《おな》じ列《れつ》（たて・横《よこ》）に同じ数字は入《はい》りません。

「立体図形」と「条件整理」の感覚を同時に養うパズルです。解き方（ルール）を丁寧に理解しましょう。立体イメージで整理する部分と，条件で整理をする部分を相互に使い分けながら完成させるため，高度な整理力が身につきます。

〔　月　日〕

13 ナンバープレイス

目標時間は5分

分　秒

Q ルールにしたがって，数字《すうじ》を入《い》れましょう。

			3		1			2
	9	3		5		1	4	
	1	2				5	8	
4			2		5			1
	2			1			3	
9			7		8			4
	7	5				4	6	
	4	6		8		9	1	
			6		7			5

ルール

① 空《あ》いたマスに１～９の数字《すうじ》を入れます。
② たて・横《よこ》のそれぞれ９列《れつ》に１～９が１回《かい》ずつ入《はい》ります。
③ 太線《ふとせん》で囲《かこ》まれた３×３の９つのブロックにも，１～９が１回ずつ入ります。

「推理」や「条件整理」の感覚を育成するパズルです。複数の条件を同時に考える必要があります。じっくり条件を見極めながら，あてはまるものを粘り強く考えましょう。

step 2 〔　月　日〕

14 ナンバープレイス

目標時間は５分

分　秒

Q ルールにしたがって，数字《すうじ》を入《い》れましょう。

8		4				3		
	9		1		6		5	
			5	8		9		4
	3		6	7	1		9	
5		7				4		6
	6		2		4		3	
3		5		6		1		9
2	4		9		7		8	
		9		2		6		

ルール

① 空《あ》いたマスに１～９の数字《すうじ》を入れます。
② たて・横《よこ》のそれぞれ９列《れつ》に１～９が１回《かい》ずつ入《はい》ります。
③ 太線《ふとせん》で囲《かこ》まれた３×３の９つのブロックにも，１～９が１回ずつ入ります。

「推理」や「条件整理」の感覚を育成するパズルです。複数の条件を同時に考える必要があります。
じっくり条件を見極めながら，あてはまるものを粘り強く考えましょう。

step 1 〔　　月　　日〕

15 道《みち》をつくる

目標時間は５分

分　　秒

Q ルールにしたがって，スタートからゴールまで線《せん》で結《むす》びましょう。

スタート

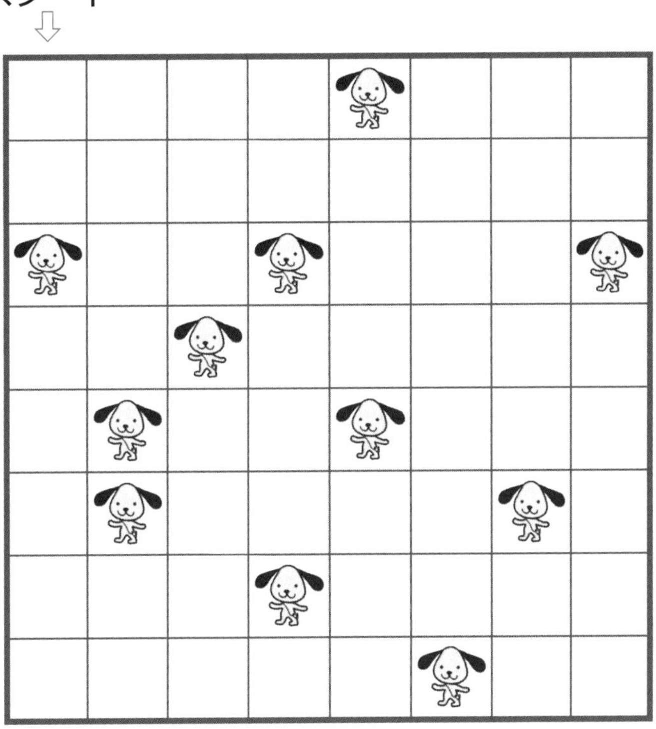

ゴール

ルール

① スタートからゴールまでの道順《みちじゅん》を記入《きにゅう》します。

② のいるマスは通《とお》れません。

③ のいないすべてのマスを通らなければなりません。

④ 同じマスを２回以上《かいいじょう》通ってはいけません。

⑤ 進《すす》める方向《ほうこう》はたてと横《よこ》だけで，ななめには進めません。

「推理」や「条件整理」の感覚を育成するパズルです。複数の条件を同時に考える必要があります。
条件にあてはまるものとそうでないものを判断しながら考えることで正しいものを選択する力が身につきます。

step 2　〔　月　日〕

16 道《みち》をつくる

目標時間は5分

分　秒

Q ルールにしたがって，スタートからゴールまで線《せん》で結《むす》びましょう。

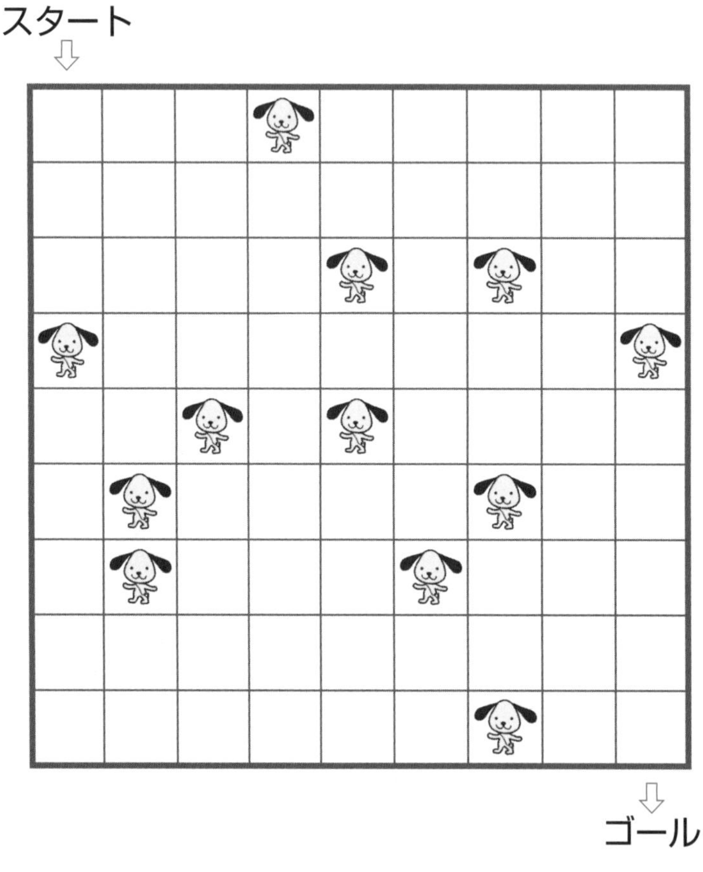

ルール

① スタートからゴールまでの道順《みちじゅん》を記入《きにゅう》します。

② のいるマスは通《とお》れません。

③ のいないすべてのマスを通らなければなりません。

④ 同じマスを2回以上《かいいじょう》通ってはいけません。

⑤ 進《すす》める方向《ほうこう》はたてと横《よこ》だけで，ななめには進めません。

「推理」や「条件整理」の感覚を育成するパズルです。複数の条件を同時に考える必要があります。
条件にあてはまるものとそうでないものを判断しながら考えることで正しいものを選択する力が身につきます。

step 1　〔　　月　　日〕

17 道《みち》をつくる Ⅱ

目標時間は５分

分　　秒

Q ルールにしたがって，スタートからゴールまで線《せん》で結《むす》びましょう。

スタート
⇩

4	1	2	1	5	6	
						3
						3
						5
						4
						2
						2

⇩
ゴール

ルール

① スタートからゴールまでの道順《みちじゅん》を記入《きにゅう》します。

② 同じマスを２回《かい》以《い》上《じょう》通《とお》ることはできません。

③ 進《すす》める方向《ほうこう》は，たてと横《よこ》だけで，ななめには進《すす》めません。

④ 数字《すうじ》は，その列《れつ》のマスのうち，道が通るマスの数《かず》を表《あらわ》しています。

「数」と「条件整理」の感覚を同時に養うパズルです。解き方（ルール）を丁寧に理解しましょう。道をつくるの特性に条件を組み合わせたパズルであることを理解し，数量の変化を気にしながら条件を整理しましょう。

step 2

〔　　月　　日〕

18 道《みち》をつくる Ⅱ

目標時間は５分

分　　秒

Q ルールにしたがって，スタートからゴールまで線《せん》で結《むす》びましょう。

スタート ⇩

1	4	4	3	5	4	
						2
						4
						4
						2
						4
						5

⇩ ゴール

ルール

① スタートからゴールまでの道順《みちじゅん》を記入《きにゅう》します。
② 同じマスを２回以上通《かいいじょうとお》ることはできません。
③ 進《すす》める方向《ほうこう》は，たてと横《よこ》だけで，ななめには進《すす》めません。
④ 数字《すうじ》は，その列《れつ》のマスのうち，道が通るマスの数《かず》を表《あらわ》しています。

「数」と「条件整理」の感覚を同時に養うパズルです。解き方（ルール）を丁寧に理解しましょう。道をつくるの特性に条件を組み合わせたパズルであることを理解し，数量の変化を気にしながら条件を整理しましょう。

step 1　　〔　月　日〕

19 未《み》等《とう》式《しき》

目標時間は３分

分　秒

Q ○の中《なか》に＋か－を入れて式《しき》を完成《かんせい》させなさい。

（1） 19 ○ 7 ○ 12 ○ 18 ＝ 20

（2） 16 ○ 11 ○ 7 ○ 6 ＝ 18

「数」や「推理」「条件整理」の感覚を同時に育成するパズルです。中学入試でも出題されることがあります。それぞれの条件にあわせた数を見極め，解答に結びつくための条件を丁寧に判断しましょう。

step 2

〔　月　日〕

20 未《み》等《とう》式《しき》

目標時間は3分

分　秒

Q ○の中《なか》に＋か－を入れて式《しき》を完成《かんせい》させなさい。

(1) 10 ○ 2 ○ 6 ○ 3 ＝ 9

(2) 13 ○ 5 ○ 3 ○ 6 ＝ 9

「数」や「推理」「条件整理」の感覚を同時に育成するパズルです。中学入試でも出題されることがあります。それぞれの条件にあわせた数を見極め，解答に結びつくための条件を丁寧に判断しましょう。

step 1

〔　　月　　日〕

21 魔《ま》方《ほう》陣《じん》 Ⅲ

目標時間は５分

分　　秒

Q 下《した》の表《ひょう》のあいているところに整数《せいすう》を入れ，たてにたしても，横《よこ》にたしても，ななめにたしても，それぞれの３つの数《すう》の和《わ》が同《おな》じになるようにしなさい。

（1）

		6
3	8	
	9	5

（2）

13	6	
	14	4
5		

「数」と「条件整理」の感覚を同時に養うパズルです。３つの数の和が問題によって変化するので，正確に数を導かなくてはいけません。
次の一手をどのように導くかがキーポイントになるので，自分の力でそのポイントを見つけ出しましょう。

step 2　　〔　　月　　日〕

22 魔《ま》方《ほう》陣《じん》 Ⅲ

目標時間は5分

分　　秒

Q 下《した》の表《ひょう》のあいているところに整数《せいすう》を入れ，たてにたしても，横《よこ》にたしても，ななめにたしても，それぞれの3つの数《すう》の和《わ》が同《おな》じになるようにしなさい。

（1）

		12
10	9	
	14	7

（2）

4	23	
	13	5
14		

「数」と「条件整理」の感覚を同時に養うパズルです。3つの数の和が問題によって変化するので，正確に数を導かなくてはいけません。
次の一手をどのように導くかがキーポイントになるので，自分の力でそのポイントを見つけ出しましょう。

〔　　月　　日〕

23 推《すい》理《り》算《ざん》

目標時間は３分

分　　秒

Q 次《つぎ》の問題《もんだい》を図《ず》やメモはかかないで，頭《あたま》の中《なか》で考《かんが》えて解《と》きましょう。わからなかったり，まちがえた場《ば》合《あい》に図《ず》をかいて確認《かくにん》してください。

（１）　けい子《こ》さん，みち子さん，とおる君《くん》の身長《しんちょう》をくらべました。

①　けい子さんよりも，とおる君の方《ほう》が高《たか》い。
②　みち子さんは，２番目《ばんめ》に高い人ではない。
③　とおる君は，一番《いちばん》高い人ではない。

身長が高い順《じゅん》に書《か》きましょう。

１番	２番	３番

（２）　ひろし君，めぐみさん，とも子さんの身長をくらべました。

①　とも子さんよりも，めぐみさんの方が低《ひく》い。
②　とも子さんは，一番高い人ではない。

身長が高い順に書きましょう。

１番	２番	３番

「論理思考」と「条件整理」の感覚を育成するパズルです。複数の条件を整理しながら考える必要があります。どうしてもわからない場合は表などを使って考えてもかまいませんが，整理をする力を養うためにも頭の中だけで考えましょう。

step 2　〔　月　日〕

24 推《すい》理《り》算《ざん》

目標時間は3分
分　秒

Q 次《つぎ》の問題《もんだい》を図《ず》やメモはかかないで，頭《あたま》の中《なか》で考《かんが》えて解《と》きましょう。わからなかったり，まちがえた場合《ばあい》に図《ず》をかいて確認《かくにん》してください。

（1） ひろし君《くん》，たつや君，けい子《こ》さんの身長《しんちょう》をくらべました。

① ひろし君は，けい子さんより高《たか》い。
② けい子さんは，たつや君より低《ひく》い。
③ たつや君は，ひろし君より低い。

身長が高い順《じゅん》に書《か》きましょう。

1番	2番	3番

（2） ひろし君，めぐみさん，とも子さんの身長をくらべました。

① とも子さんよりも，めぐみさんの方《ほう》が低い。
② とも子さんは，一番《いちばん》高い人ではない。

身長が低い順に書きましょう。

1番	2番	3番

「論理思考」と「条件整理」の感覚を育成するパズルです。複数の条件を整理しながら考える必要があります。どうしてもわからない場合は表などを使って考えてもかまいませんが，整理をする力を養うためにも頭の中だけで考えましょう。

25 四角《しかく》に分《わ》ける

目標時間は５分
分　秒

Q ルールにしたがって，線《せん》を引《ひ》いて
いくつかの四角《しかく》に分《わ》けましょう。

				7			
3							6
				12			
					16		
12							
			8				

ルール

① 図《ず》のマスを１つもあまらないように正方形《せいほうけい》または長方形《ちょうほうけい》に分けます。
② １つの正方形または長方形の中《なか》には必《かなら》ず数字《すうじ》が１つ入《はい》ります。
③ ②の数字はその正方形または長方形にふくまれるマスの数《かず》を表《あらわ》します。
④ 同《おな》じマスを２つの正方形または長方形が同時《どうじ》に使《つか》うことはできません。

「平面図形」と「条件整理」の感覚を同時に養うパズルです。解き方（ルール）を丁寧に理解しましょう。長方形・正方形の広さを感覚的にとらえながら，条件整理することで完成します。キーとなるところを見極めましょう。

〔　月　日〕

26 四角《しかく》に分《わ》ける

目標時間は5分

分　秒

Q ルールにしたがって，線《せん》を引《ひ》いて
いくつかの四角《しかく》に分《わ》けましょう。

		6				2		
	8							
8				5				
			6			12		5
					4			
		7						
12						6		

ルール

① 図《ず》のマスを１つもあまらないように正方形《せいほうけい》または長方形《ちょうほうけい》に分けます。
② １つの正方形または長方形の中《なか》には必《かなら》ず数字《すうじ》が１つ入《はい》ります。
③ ②の数字はその正方形または長方形にふくまれるマスの数《かず》を表《あらわ》します。
④ 同《おな》じマスを２つの正方形または長方形が同時《どうじ》に使《つか》うことはできません。

「平面図形」と「条件整理」の感覚を同時に養うパズルです。解き方（ルール）を丁寧に理解しましょう。長方形・正方形の広さを感覚的にとらえながら，条件整理することで完成します。キーとなるところを見極めましょう。

step 2　〔　月　日〕

27 ビルディング

目標時間は５分

分　秒

Q ルールにしたがって，ビルが何階《なんかい》建《だ》てなのかを数字《すうじ》で答《こた》えましょう。

		2 ⇩			
3 ⇨					⇦ 2
3 ⇨					
					⇦ 3
	⇧ 2		⇧ 3	⇧ 3	

ルール

① あなたは空《そら》から町《まち》を見《み》ています。

② それぞれのマスには，１階建《かいだ》てから４階建てのビルが建《た》っています。ただ，空から見ているので何《なん》階建てかわかりません。

③ 矢印《やじるし》の数字《すうじ》は，その場所《ばしょ》から見えるビルの数《かず》です。

④ この数字をヒントにマスの中のビルが何階建てなのか答《こた》えてください。

⑤ ただし，同《おな》じ列《れつ》（たて・横《よこ》）に同じ数字は入《はい》りません。

「立体図形」と「条件整理」の感覚を同時に養うパズルです。解き方（ルール）を丁寧に理解しましょう。立体イメージで整理する部分と，条件で整理をする部分を相互に使い分けながら完成させるため，高度な整理力が身につきます。

〔　　月　　日〕

28 ビルディング

目標時間は５分

分　　秒

Q ルールにしたがって，ビルが何階《なんかい》建《だ》てなのかを数字《すうじ》で答《こた》えましょう。

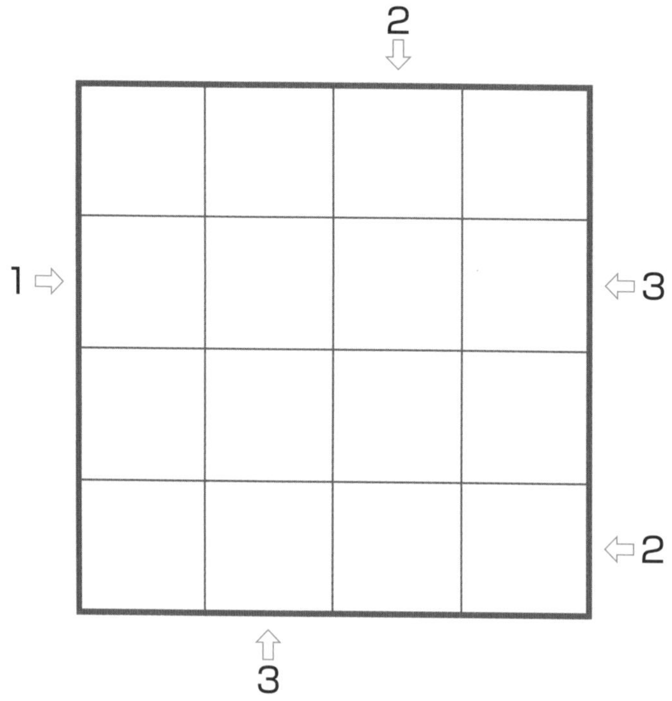

ルール

① あなたは空《そら》から町《まち》を見《み》ています。

② それぞれのマスには，1階建《かいだ》てから4階建てのビルが建《た》っています。ただ，空から見ているので何《なん》階建てかわかりません。

③ 矢印《やじるし》の数字《すうじ》は，その場所《ばしょ》から見えるビルの数《かず》です。

④ この数字をヒントにマスの中のビルが何階建てなのか答《こた》えてください。

⑤ ただし，同《おな》じ列《れつ》（たて・横《よこ》）に同じ数字は入《はい》りません。

「立体図形」と「条件整理」の感覚を同時に養うパズルです。解き方（ルール）を丁寧に理解しましょう。立体イメージで整理する部分と，条件で整理をする部分を相互に使い分けながら完成させるため，高度な整理力が身につきます。

〔　　月　　日〕

29 ナンバープレイス

目標時間は5分

分　　秒

Q ルールにしたがって，数字《すうじ》を入《い》れましょう。

2	6					3	5	7
1				7				6
		8	5		6	2		
		7		8		5		
	1		3	9	5		2	8
		9		2		1		
		3	2		9	6		
6				4	1			5
5	9						7	2

ルール

① 空《あ》いたマスに１～９の数字《すうじ》を入れます。
② たて・横《よこ》のそれぞれ９列《れつ》に１～９が１回《かい》ずつ入《はい》ります。
③ 太線《ふとせん》で囲《かこ》まれた３×３の９つのブロックにも，１～９が１回ずつ入ります。

「推理」や「条件整理」の感覚を育成するパズルです。複数の条件を同時に考える必要があります。じっくり条件を見極めながら、あてはまるものを粘り強く考えましょう。

〔　月　日〕

30 ナンバープレイス

目標時間は5分

分　秒

Q ルールにしたがって，数字《すうじ》を入《い》れましょう。

1	8			2		5		9
	9			1			2	
		7	8		9	1		
		9	7		3	6		
7	4						3	5
		3	5		1	4		
		8	2	6	4	3		
	7			3			9	
5				7				4

ルール

① 空《あ》いたマスに1～9の数字《すうじ》を入れます。

② たて・横《よこ》のそれぞれ9列《れつ》に1～9が1回《かい》ずつ入《はい》ります。

③ 太線《ふとせん》で囲《かこ》まれた3×3の9つのブロックにも，1～9が1回ずつ入ります。

「推理」や「条件整理」の感覚を育成するパズルです。複数の条件を同時に考える必要があります。
じっくり条件を見極めながら、あてはまるものを粘り強く考えましょう。

step 2　〔　　月　　日〕

31 道《みち》をつくる

目標時間は5分

分　　秒

Q ルールにしたがって，スタートからゴールまで線《せん》で結《むす》びましょう。

スタート

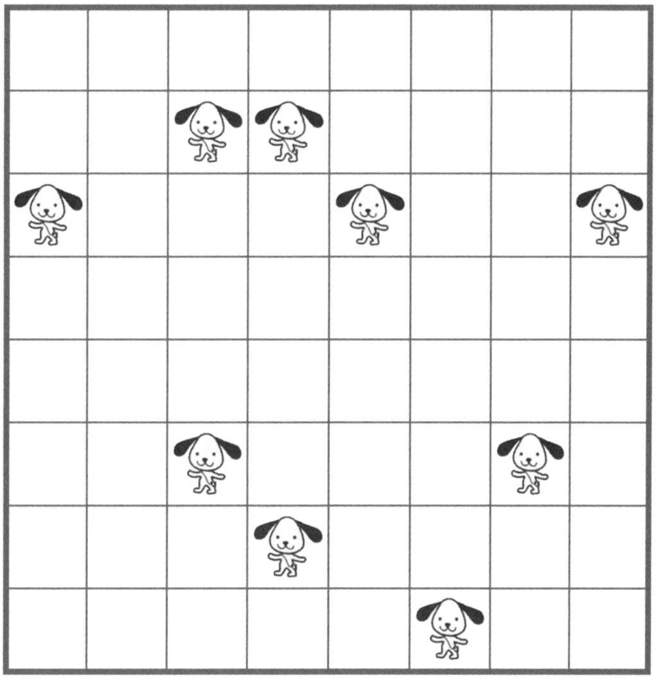

ゴール

ルール

① スタートからゴールまでの道順《みちじゅん》を記入《きにゅう》します。

② のいるマスは通《とお》れません。

③ のいないすべてのマスを通らなければなりません。

④ 同じマスを2回以上《かいいじょう》通ってはいけません。

⑤ 進《すす》める方向《ほうこう》はたてと横《よこ》だけで，ななめには進めません。

「推理」や「条件整理」の感覚を育成するパズルです。複数の条件を同時に考える必要があります。条件にあてはまるものとそうでないものを判断しながら考えることで正しいものを選択する力が身につきます。

〔　　月　　日〕

32 道《みち》をつくる

目標時間は５分

分　　秒

Q ルールにしたがって，スタートからゴールまで線《せん》で結《むす》びましょう。

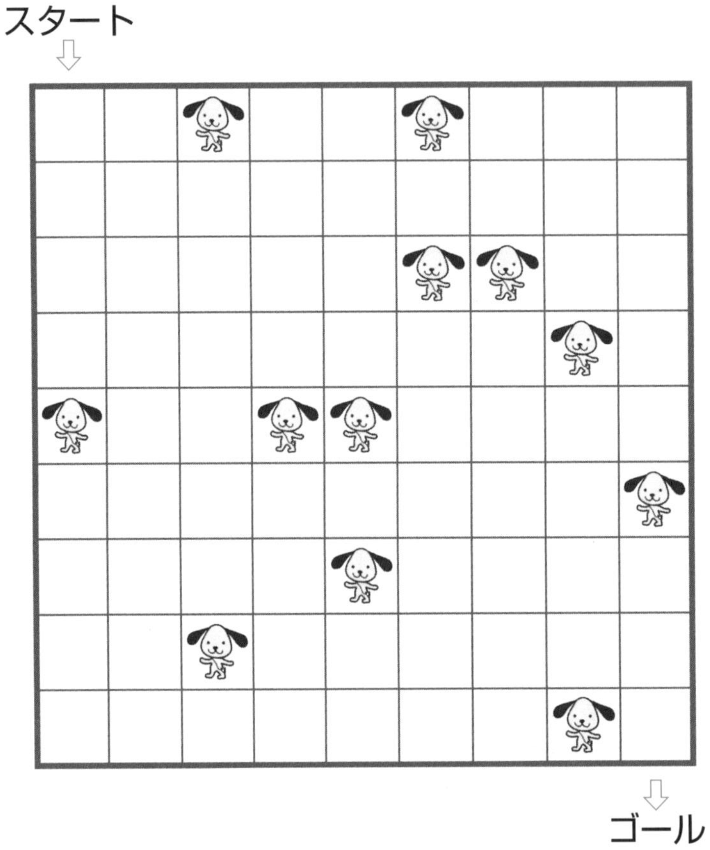

ルール

① スタートからゴールまでの道順《みちじゅん》を記入《きにゅう》します。

② のいるマスは通《とお》れません。

③ のいないすべてのマスを通らなければなりません。

④ 同じマスを２回以上《かいいじょう》通ってはいけません。

⑤ 進《すす》める方向《ほうこう》はたてと横《よこ》だけで，ななめには進めません。

「推理」や「条件整理」の感覚を育成するパズルです。複数の条件を同時に考える必要があります。
条件にあてはまるものとそうでないものを判断しながら考えることで正しいものを選択する力が身につきます。

step 2　〔　　月　　日〕

33 道《みち》をつくる Ⅱ

目標時間は５分

分　　秒

Q ルールにしたがって，スタートからゴールまで線《せん》で結《むす》びましょう。

スタート ⇩（左上のマスから）

1	5	3	3	2	3	4	
							4
							3
							1
							4
							5
							2
							2

⇩ ゴール（右下のマスから）

ルール

① スタートからゴールまでの道順《みちじゅん》を記入《きにゅう》します。

② 同じマスを２回《かい》以《い》上《じょう》通《とお》ることはできません。

③ 進《すす》める方向《ほうこう》は，たてと横《よこ》だけで，ななめには進《すす》めません。

④ 数字《すうじ》は，その列《れつ》のマスのうち，道が通るマスの数《かず》を表《あらわ》しています。

「数」と「条件整理」の感覚を同時に養うパズルです。解き方（ルール）を丁寧に理解しましょう。
道をつくるの特性に条件を組み合わせたパズルであることを理解し，数量の変化を気にしながら条件を整理しましょう。

〔　　月　　日〕

34 道《みち》をつくる Ⅱ

目標時間は5分
分　　秒

Q ルールにしたがって，スタートからゴールまで線《せん》で結《むす》びましょう。

スタート
⇩

6	3	5	3	3	6	1	
							5
							3
							4
							1
							6
							1
							7

⇩
ゴール

ルール

① スタートからゴールまでの道順《みちじゅん》を記入《きにゅう》します。
② 同じマスを2回《かい》以《い》上通《じょうとお》ることはできません。
③ 進《すす》める方向《ほうこう》は，たてと横《よこ》だけで，ななめには進《すす》めません。
④ 数字《すうじ》は，その列《れつ》のマスのうち，道が通るマスの数《かず》を表《あらわ》しています。

「数」と「条件整理」の感覚を同時に養うパズルです。解き方（ルール）を丁寧に理解しましょう。
道をつくるの特性に条件を組み合わせたパズルであることを理解し，数量の変化を気にしながら条件を整理しましょう。

step 2

〔　　月　　日〕

35 魔《ま》方《ほう》陣《じん》 Ⅲ

目標時間は5分

分　　秒

Q 下《した》の表《ひょう》のあいているところに整数《せいすう》を入れ，
たてにたしても，横《よこ》にたしても，ななめにたしても，
それぞれの３つの数《すう》の和《わ》が同《おな》じになるようにしなさい。

（1）

		5
2		
	8	4

（2）

12	5	
		3
4		

「数」と「条件整理」の感覚を同時に養うパズルです。３つの数の和が問題によって変化するので，正確に数を導かなくてはいけません。
次の一手をどのように導くかがキーポイントになるので，自分の力でそのポイントを見つけ出しましょう。

step 2　　〔　　月　　日〕

36 魔《ま》方《ほう》陣《じん》Ⅲ

目標時間は５分

分　　秒

Q 下《した》の表《ひょう》のあいているところに整数《せいすう》を入れ，たてにたしても，横《よこ》にたしても，ななめにたしても，それぞれの３つの数《すう》の和《わ》が同《おな》じになるようにしなさい。

（1）

		11
9		
	13	6

（2）

3	22	
		4
13		

「数」と「条件整理」の感覚を同時に養うパズルです。３つの数の和が問題によって変化するので，正確に数を導かなくてはいけません。
次の一手をどのように導くかがキーポイントになるので，自分の力でそのポイントを見つけ出しましょう。

〔　　月　　日〕

37 宝《たから》探《さが》し

目標時間は5分

分　　秒

Q ルールにしたがって，○をつけましょう。

		1		
0				3
		1		
1		2		0

(5)

ルール

① 図《ず》のマスの中に，かっこ内《ない》の数《かず》だけ宝物《たからもの》がかくれています。
そのマスに○をつけて下さい。

② 数字《すうじ》の入《はい》っているマスには宝物はかくれていません。

③ 数字はそのまわりにかくれている宝物の数を表《あらわ》しています。

「推理」や「条件整理」の感覚を育成するパズルです。それぞれの数の持つ条件と全体数の条件を相互に確認する必要があります。
必ず条件にあてはまるものを導きながら，正しい条件を整理していく必要があります。

step 2　〔　　月　　日〕

38 宝《たから》探《さが》し

目標時間は５分

分　　秒

Q ルールにしたがって，○をつけましょう。

				1
	0			
				1
		2		
	1		1	

（4）

ルール

① 図《ず》のマスの中に，かっこ内《ない》の数《かず》だけ宝物《たからもの》がかくれています。
そのマスに○をつけて下さい。

② 数字《すうじ》の入《はい》っているマスには宝物はかくれていません。

③ 数字はそのまわりにかくれている宝物の数を表《あらわ》しています。

「推理」や「条件整理」の感覚を育成するパズルです。それぞれの数の持つ条件と全体数の条件を相互に確認する必要があります。
必ず条件にあてはまるものを導きながら，正しい条件を整理していく必要があります。

step 2　〔　月　日〕

39 ブロック分《わ》け

目標時間は5分

分　秒

Q ルールにしたがって，ブロックに分《わ》けましょう。

2	2	5	1	3
5	3	5	5	4
4	1	2	2	1
4	1	3	3	4

ルール

① 全体《ぜんたい》を4個《こ》のブロック（かたまり）に分《わ》けます。

② 1つのブロックには，1～5の数字《すうじ》が1個《こ》ずつふくまれます。

③ ブロックは，辺《へん》どうしが接《せっ》していれば，どのような形《かたち》でもかまいません。

「推理」や「条件整理」の感覚を育成するパズルです。それぞれのブロックに分けられる絶対的な条件を導き出しましょう。同じブロックにあてはまるのか，それとも異なるブロックになるのかを見極めるポイントが重要です。

step 2　〔　　月　　日〕

40 ブロック分《わ》け

目標時間は5分

分　　秒

Q ルールにしたがって，ブロックに分《わ》けましょう。

2	3	4	2	1	1
1	3	4	5	5	5
1	3	2	2	4	3
4	5	5	1	4	3
2	2	3	1	4	5

ルール

① 全体《ぜんたい》を６個《こ》のブロック（かたまり）に分《わ》けます。

② １つのブロックには，１～５の数字《すうじ》が１個《こ》ずつふくまれます。

③ ブロックは，辺《へん》どうしが接《せつ》していれば，どのような形《かたち》でもかまいません。

「推理」や「条件整理」の感覚を育成するパズルです。それぞれのブロックに分けられる絶対的な条件を導き出しましょう。
同じブロックにあてはまるのか，それとも異なるブロックになるのかを見極めるポイントが重要です。

41 ブロック分《わ》け Ⅱ

目標時間は5分

分　秒

Q ルールにしたがって，ブロックに分《わ》けましょう。

	2			6
		2		
2		1		
		2		
6				2

ルール

① 空《あ》いたマスすべてに1けたの数字《すうじ》（1～9）を入《い》れます。
② 全体《ぜんたい》をいくつかのブロックに分《わ》けます。
③ 1つのブロックは必《かなら》ず，たてまたは横《よこ》につながります。
④ 1つのブロックにはすべて同《おな》じ数《すう》が入《はい》ります。
⑤ ブロックに入る数《すう》は，そのブロックにふくまれるマスの数《かず》と同《おな》じです。
⑥ 同じ数《すう》の入る異《こと》なるブロックが，たて，横に接《せっ》することはありません。

「推理」や「条件整理」の感覚を育成するパズルです。解き方（ルール）を丁寧に理解しましょう。ルールから得られる条件によって，次の一手が得られることに気付けるかどうかがポイントです。

〔　　月　　日〕

42 ブロック分《わ》け Ⅱ

目標時間は５分

分　　秒

Q ルールにしたがって，ブロックに分《わ》けましょう。

2		2		2
6		2		
	2			6

ルール

① 空《あ》いたマスすべてに１けたの数字《すうじ》（１～９）を入《い》れます。
② 全体《ぜんたい》をいくつかのブロックに分《わ》けます。
③ １つのブロックは必《かなら》ず，たてまたは横《よこ》につながります。
④ １つのブロックにはすべて同《おな》じ数《すう》が入《はい》ります。
⑤ ブロックに入る数《すう》は，そのブロックにふくまれるマスの数《かず》と同《おな》じです。
⑥ 同じ数《すう》の入る異《こと》なるブロックが，たて，横に接《せっ》することはありません。

「推理」や「条件整理」の感覚を育成するパズルです。解き方（ルール）を丁寧に理解しましょう。
ルールから得られる条件によって，次の一手が得られることに気付けるかどうかがポイントです。

〔　　月　　日〕

43 推《すい》理《り》算《ざん》

目標時間は３分

分　　秒

Q 次《つぎ》の問題《もんだい》を図《ず》やメモはかかないで，頭《あたま》の中《なか》で考《かんが》えて解《と》きましょう。わからなかったり，まちがえた場合《ばあい》に図《ず》をかいて確認《かくにん》してください。

（１） A君《くん》，B君，C君，D君の４人《にん》が 50 m《メートル》競走《きょうそう》をしました。その結果《けっか》は次《つぎ》の通《とお》りです。

① B君は，D君に勝《か》ちました。
② A君は２位《い》で，B君に負《ま》けました。
③ C君は，４位ではありません。

１位から４位までの順位《じゅんい》を書《か》きましょう。

１位	２位	３位	４位

（２） A君，B君，C君，D君の４人が 100 m競走をしました。その結果は次の通りです。

① C君は，A君に負けました。
② B君は３位で，C君に負けました。

１位から４位までの順位を書きましょう。

１位	２位	３位	４位

「論理思考」と「条件整理」の感覚を育成するパズルです。複数の条件を整理しながら考える必要があります。どうしてもわからない場合は表などを使って考えてもかまいませんが，整理をする力を養うためにも頭の中だけで考えましょう。

step 2　　〔　　月　　日〕

44 推《すい》理《り》算《ざん》

目標時間は３分
分　　秒

Q 次《つぎ》の問題《もんだい》を図《ず》やメモはかかないで，頭《あたま》の中《なか》で考《かんが》えて解《と》きましょう。わからなかったり，まちがえた場合《ばあい》に図《ず》をかいて確認《かくにん》してください。

（1） A君《くん》，B君，C君，D君の４人《にん》が 50 m《メートル》競走《きょうそう》をしました。その結果《けっか》は次《つぎ》の通《とお》りです。

① B君は，D君に負《ま》けました。
② C君は２位《い》で，D君に負けました。
③ A君は，３位ではありません。

１位から４位までの順位《じゅんい》を書《か》きましょう。

１位	２位	３位	４位

（2） A君，B君，C君，D君の４人が 100 m競走をしました。その結果は次の通りです。

① C君は，D君に勝《か》ちました。
② A君は２位で，B君に負けました。

１位から４位までの順位を書きましょう。

１位	２位	３位	４位

「論理思考」と「条件整理」の感覚を育成するパズルです。複数の条件を整理しながら考える必要があります。どうしてもわからない場合は表などを使って考えてもかまいませんが，整理をする力を養うためにも頭の中だけで考えましょう。

step 2　〔　月　日〕

45 四角《しかく》に分《わ》ける

目標時間は5分

分　秒

Q ルールにしたがって，線《せん》を引《ひ》いて
いくつかの四角《しかく》に分《わ》けましょう。

								12
		6						
					9			
6			12					3
					6			
	9					9		
				9				

ルール

① 図《ず》のマスを1つもあまらないように正方形《せいほうけい》または長方形《ちょうほうけい》に分けます。
② 1つの正方形または長方形の中《なか》には必《かなら》ず数字《すうじ》が1つ入《はい》ります。
③ ②の数字はその正方形または長方形にふくまれるマスの数《かず》を表《あらわ》します。
④ 同《おな》じマスを2つの正方形または長方形が同時《どうじ》に使《つか》うことはできません。

「平面図形」と「条件整理」の感覚を同時に養うパズルです。解き方（ルール）を丁寧に理解しましょう。長方形・正方形の広さを感覚的にとらえながら，条件整理することで完成します。キーとなるところを見極めましょう。

step 2　　〔　月　日〕

46 四角《しかく》に分《わ》ける

目標時間は5分

分　秒

Q ルールにしたがって，線《せん》を引《ひ》いて
いくつかの四角《しかく》に分《わ》けましょう。

		6							4
				4			4		
	6								
					6				4
		6					9		
7					8				
							4		8
						6			
			8						
					6			4	

ルール

① 図《ず》のマスを１つもあまらないように正方形《せいほうけい》または長方形《ちょうほうけい》に分けます。
② １つの正方形または長方形の中《なか》には必《かなら》ず数字《すうじ》が１つ入《はい》ります。
③ ②の数字はその正方形または長方形にふくまれるマスの数《かず》を表《あらわ》します。
④ 同《おな》じマスを２つの正方形または長方形が同時《どうじ》に使《つか》うことはできません。

「平面図形」と「条件整理」の感覚を同時に養うパズルです。解き方（ルール）を丁寧に理解しましょう。長方形・正方形の広さを感覚的にとらえながら，条件整理することで完成します。キーとなるところを見極めましょう。

〔　　月　　日〕

47 ビルディング

目標時間は５分

分　　秒

Q ルールにしたがって，ビルが何階建《なんかいだ》てなのかを数字《すうじ》で答《こた》えましょう。

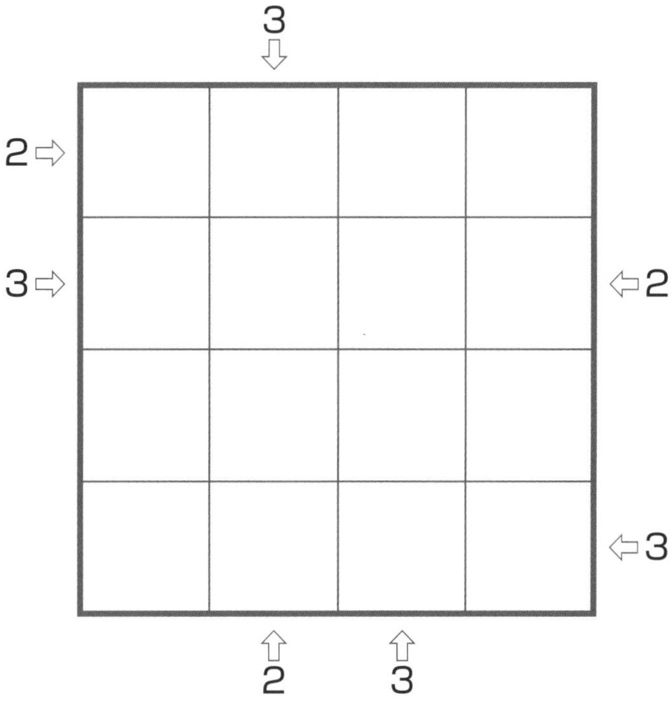

ルール

① あなたは空《そら》から町《まち》を見《み》ています。

② それぞれのマスには，１階建《かいだ》てから４階建てのビルが建《た》っています。ただ，空から見ているので何《なん》階建てかわかりません。

③ 矢印《やじるし》の数字《すうじ》は，その場所《ばしょ》から見えるビルの数《かず》です。

④ この数字をヒントにマスの中のビルが何階建てなのか答《こた》えてください。

⑤ ただし，同《おな》じ列《れつ》（たて・横《よこ》）に同じ数字は入《はい》りません。

「立体図形」と「条件整理」の感覚を同時に養うパズルです。解き方（ルール）を丁寧に理解しましょう。立体イメージで整理する部分と，条件で整理をする部分を相互に使い分けながら完成させるため，高度な整理力が身につきます。

〔　　月　　日〕

48 ビルディング

目標時間は5分

分　　秒

Q ルールにしたがって，ビルが何階《なんかい》建《だ》てなのかを数字《すうじ》で答《こた》えましょう。

	3 ⇩	2 ⇩			
					⇦ 2
3 ⇨					
					⇦ 3
		⇧ 3	⇧ 2		

ルール

① あなたは空《そら》から町《まち》を見《み》ています。

② それぞれのマスには，1階建《かいだ》てから4階建てのビルが建《た》っています。ただ，空から見ているので何《なん》階建てかわかりません。

③ 矢印《やじるし》の数字《すうじ》は，その場所《ばしょ》から見えるビルの数《かず》です。

④ この数字をヒントにマスの中のビルが何階建てなのか答《こた》えてください。

⑤ ただし，同《おな》じ列《れつ》（たて・横《よこ》）に同じ数字は入《はい》りません。

「立体図形」と「条件整理」の感覚を同時に養うパズルです。解き方（ルール）を丁寧に理解しましょう。立体イメージで整理する部分と，条件で整理をする部分を相互に使い分けながら完成させるため，高度な整理力が身につきます。

〔　　月　　日〕

49 ナンバープレイス

目標時間は５分

分　　秒

Q ルールにしたがって，数字《すうじ》を入《い》れましょう。

4	3						7	1
5								9
			7	3	8	2		
				2				
2	4	6		8		9	1	7
		9		4				
		4	3	6	1			
7								6
6	1		9		4		8	3

ルール

① 空《あ》いたマスに１～９の数字《すうじ》を入れます。

② たて・横《よこ》のそれぞれ９列《れつ》に１～９が１回《かい》ずつ入《はい》ります。

③ 太線《ふとせん》で囲《かこ》まれた３×３の９つのブロックにも，１～９が１回ずつ入ります。

「推理」や「条件整理」の感覚を育成するパズルです。複数の条件を同時に考える必要があります。じっくり条件を見極めながら，あてはまるものを粘り強く考えましょう。

step2

〔　　月　　日〕

50 ナンバープレイス

目標時間は5分

分　　秒

Q ルールにしたがって，数字《すうじ》を入《い》れましょう。

	2	9				3	7	
5			9	1	7		4	6
6								
	6		7		2		5	
8							9	
	7		5		3			
2					1			8
4			8	3	9			7
	3	8				9	6	

ルール

① 空《あ》いたマスに１～９の数字《すうじ》を入れます。

② たて・横《よこ》のそれぞれ９列《れつ》に１～９が１回《かい》ずつ入《はい》ります。

③ 太線《ふとせん》で囲《かこ》まれた３×３の９つのブロックにも，１～９が１回ずつ入ります。

「推理」や「条件整理」の感覚を育成するパズルです。複数の条件を同時に考える必要があります。
じっくり条件を見極めながら，あてはまるものを粘り強く考えましょう。

step 2　　〔　　月　　日〕

51 道《みち》をつくる

目標時間は5分

分　　秒

Q ルールにしたがって，スタートからゴールまで線《せん》で結《むす》びましょう。

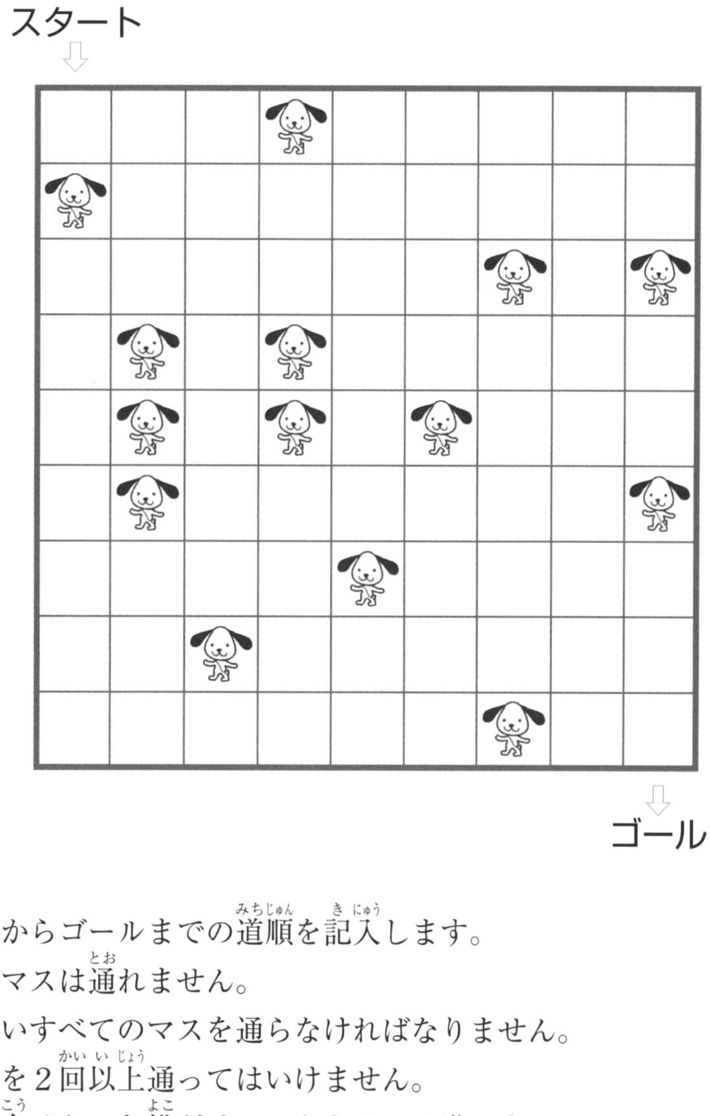

ルール

① スタートからゴールまでの道順《みちじゅん》を記入《きにゅう》します。

② のいるマスは通《とお》れません。

③ のいないすべてのマスを通らなければなりません。

④ 同じマスを2回以上《かいいじょう》通ってはいけません。

⑤ 進《すす》める方向《ほうこう》はたてと横《よこ》だけで，ななめには進めません。

「推理」や「条件整理」の感覚を育成するパズルです。複数の条件を同時に考える必要があります。条件にあてはまるものとそうでないものを判断しながら考えることで正しいものを選択する力が身につきます。

〔　月　日〕

52 道《みち》をつくる

目標時間は５分

分　秒

Q ルールにしたがって，スタートからゴールまで線《せん》で結《むす》びましょう。

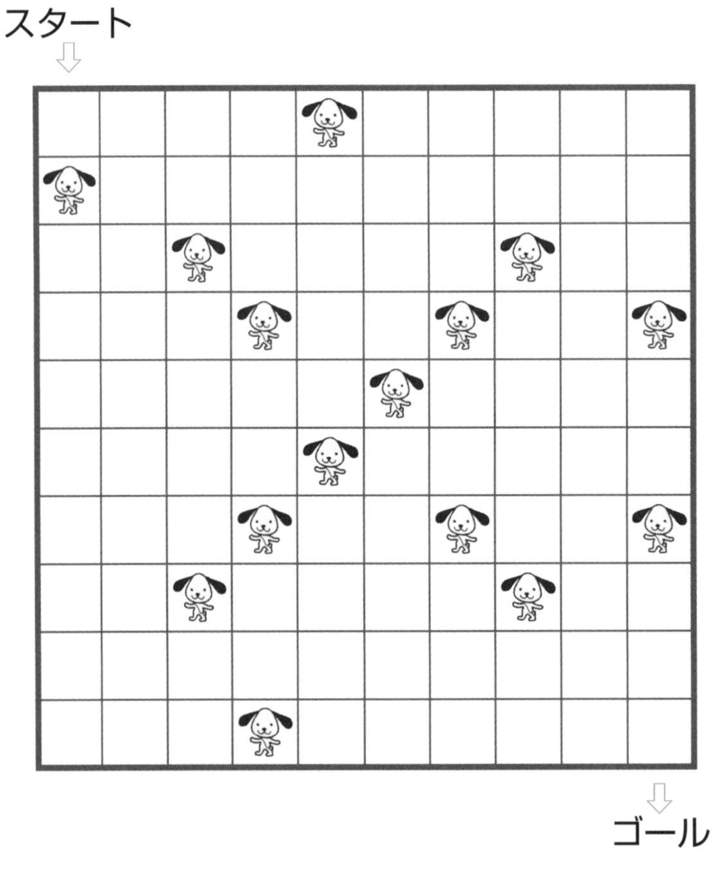

ルール

① スタートからゴールまでの道順《みちじゅん》を記入《きにゅう》します。

② のいるマスは通《とお》れません。

③ のいないすべてのマスを通らなければなりません。

④ 同じマスを２回以上《かいいじょう》通ってはいけません。

⑤ 進《すす》める方向《ほうこう》はたてと横《よこ》だけで，ななめには進めません。

「推理」や「条件整理」の感覚を育成するパズルです。複数の条件を同時に考える必要があります。条件にあてはまるものとそうでないものを判断しながら考えることで正しいものを選択する力が身につきます。

step 2　　　　　　　　〔　　月　　日〕

53 道《みち》をつくる Ⅱ

目標時間は５分
分　　秒

Q ルールにしたがって，スタートからゴールまで線《せん》で結《むす》びましょう。

スタート
⇩

6	3	4	3	6	1	4	
							5
							1
							5
							4
							3
							5
							4

⇩
ゴール

ルール

① スタートからゴールまでの道順《みちじゅん》を記入《きにゅう》します。
② 同じマスを２回《かい》以《い》上《じょう》通《とお》ることはできません。
③ 進《すす》める方向《ほうこう》は，たてと横《よこ》だけで，ななめには進《すす》めません。
④ 数字《すうじ》は，その列《れつ》のマスのうち，道が通るマスの数《かず》を表《あらわ》しています。

「数」と「条件整理」の感覚を同時に養うパズルです。解き方（ルール）を丁寧に理解しましょう。
道をつくるの特性に条件を組み合わせたパズルであることを理解し，数量の変化を気にしながら条件を整理しましょう。

54 道《みち》をつくる Ⅱ

目標時間は5分
分　　秒

Q ルールにしたがって，スタートからゴールまで線《せん》で結《むす》びましょう。

スタート ⇩（左上）

6	4	3	4	6	1	3	
							4
							2
							3
							5
							4
							3
							6

⇩ ゴール（右下）

ルール

① スタートからゴールまでの道順《みちじゅん》を記入《きにゅう》します。

② 同じマスを2回《かい》以《い》上通《じょうとお》ることはできません。

③ 進《すす》める方向《ほうこう》は，たてと横《よこ》だけで，ななめには進《すす》めません。

④ 数字《すうじ》は，その列《れつ》のマスのうち，道が通るマスの数《かず》を表《あらわ》しています。

「数」と「条件整理」の感覚を同時に養うパズルです。解き方（ルール）を丁寧に理解しましょう。
道をつくるの特性に条件を組み合わせたパズルであることを理解し，数量の変化を気にしながら条件を整理しましょう。

step 2

〔　月　日〕

55 魔《ま》方《ほう》陣《じん》 Ⅲ

目標時間は5分

分　秒

Q 下《した》の表《ひょう》のあいているところに整数《せいすう》を入れ，
たてにたしても，横《よこ》にたしても，ななめにたしても，
それぞれの3つの数《すう》の和《わ》が同《おな》じになるようにしなさい。

（1）

		7
4		
	10	6

（2）

14	7	
		5
6		

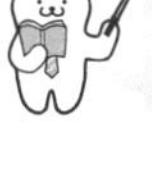

「数」と「条件整理」の感覚を同時に養うパズルです。3つの数の和が問題によって変化するので，正確に数を導かなくてはいけません。
次の一手をどのように導くかがキーポイントになるので，自分の力でそのポイントを見つけ出しましょう。

〔　　月　　日〕

56 魔《ま》方《ほう》陣《じん》 Ⅲ

目標時間は５分

分　　秒

Q 下《した》の表《ひょう》のあいているところに整数《せいすう》を入れ，
たてにたしても，横《よこ》にたしても，ななめにたしても，
それぞれの３つの数《すう》の和《わ》が同《おな》じになるようにしなさい。

（１）

		13
11		
	15	8

（２）

5	24	
		6
15		

「数」と「条件整理」の感覚を同時に養うパズルです。３つの数の和が問題によって変化するので，正確に数を導かなくてはいけません。
次の一手をどのように導くかがキーポイントになるので，自分の力でそのポイントを見つけ出しましょう。

57 宝《たから》探《さが》し

目標時間は5分

分　　秒

Q ルールにしたがって，○をつけましょう。

	0			1
		3		1
1				
	2		1	

(4)

ルール

① 図《ず》のマスの中に，かっこ内《ない》の数《かず》だけ宝物《たからもの》がかくれています。

そのマスに○をつけて下さい。

② 数字《すうじ》の入《はい》っているマスには宝物はかくれていません。

③ 数字はそのまわりにかくれている宝物の数を表《あらわ》しています。

「推理」や「条件整理」の感覚を育成するパズルです。それぞれの数の持つ条件と全体数の条件を相互に確認する必要があります。

必ず条件にあてはまるものを導きながら，正しい条件を整理していく必要があります。

〔　　月　　日〕

58 宝《たから》探《さが》し

目標時間は5分

分　　秒

Q ルールにしたがって，○をつけましょう。

	1			
		1		1
	1			
		1		1
	3		1	

(5)

ルール

① 図《ず》のマスの中に，かっこ内《ない》の数《かず》だけ宝物《たからもの》がかくれています。
そのマスに○をつけて下さい。

② 数字《すうじ》の入《はい》っているマスには宝物はかくれていません。

③ 数字はそのまわりにかくれている宝物の数を表《あらわ》しています。

「推理」や「条件整理」の感覚を育成するパズルです。それぞれの数の持つ条件と全体数の条件を相互に確認する必要があります。
必ず条件にあてはまるものを導きながら，正しい条件を整理していく必要があります。

step 2　〔　　月　　日〕

59 ブロック分《わ》け

目標時間は５分

分　　秒

Q ルールにしたがって，ブロックに分《わ》けましょう。

3	2	5	2	3
4	4	5	4	4
1	1	2	1	1
3	5	3	5	1
2	2	3	5	4

ルール

① 全体《ぜんたい》を５個《こ》のブロック（かたまり）に分《わ》けます。

② １つのブロックには，１～５の数字《すうじ》が１個《こ》ずつふくまれます。

③ ブロックは，辺《へん》どうしが接《せつ》していれば，どのような形《かたち》でもかまいません。

「推理」や「条件整理」の感覚を育成するパズルです。それぞれのブロックに分けられる絶対的な条件を導き出しましょう。
同じブロックにあてはまるのか，それとも異なるブロックになるのかを見極めるポイントが重要です。

60 ブロック分《わ》け

目標時間は5分

分　秒

Q ルールにしたがって，ブロックに分《わ》けましょう。

2	3	4	2	1	1
1	3	4	5	5	5
1	3	2	2	4	3
4	5	5	1	4	3
2	2	3	1	4	5

ルール

① 全体《ぜんたい》を６個《こ》のブロック（かたまり）に分《わ》けます。

② １つのブロックには，１～５の数字《すうじ》が１個《こ》ずつふくまれます。

③ ブロックは，辺《へん》どうしが接《せっ》していれば，どのような形《かたち》でもかまいません。

「推理」や「条件整理」の感覚を育成するパズルです。それぞれのブロックに分けられる絶対的な条件を導き出しましょう。
同じブロックにあてはまるのか，それとも異なるブロックになるのかを見極めるポイントが重要です。

〔　月　日〕

61 ブロック分《わ》け Ⅱ

目標時間は5分

分　秒

Q ルールにしたがって，ブロックに分《わ》けましょう。

2				6	
	8				2
2		2		2	
		2			
2					8

ルール

① 空《あ》いたマスすべてに1けたの数字《すうじ》（1～9）を入れます。
② 全体《ぜんたい》をいくつかのブロックに分《わ》けます。
③ 1つのブロックは必《かなら》ず，たてまたは横《よこ》につながります。
④ 1つのブロックにはすべて同《おな》じ数《すう》が入ります。
⑤ ブロックに入る数《すう》は，そのブロックにふくまれるマスの数《かず》と同《おな》じです。
⑥ 同じ数《すう》の入る異《こと》なるブロックが，たて，横に接《せっ》することはありません。

「推理」や「条件整理」の感覚を育成するパズルです。解き方（ルール）を丁寧に理解しましょう。
ルールから得られる条件によって，次の一手が得られることに気付けるかどうかがポイントです。

〔　　月　　日〕

62 ブロック分《わ》け Ⅱ

目標時間は５分

分　　秒

Q ルールにしたがって，ブロックに分《わ》けましょう。

	3				6
		3		3	
			3		
		3			
	8		3	3	
		3			5

ルール

① 空《あ》いたマスすべてに１けたの数字《すうじ》（１～９）を入れます。

② 全体《ぜんたい》をいくつかのブロックに分《わ》けます。

③ １つのブロックは必《かなら》ず，たてまたは横《よこ》につながります。

④ １つのブロックにはすべて同《おな》じ数《すう》が入ります。

⑤ ブロックに入る数《すう》は，そのブロックにふくまれるマスの数《かず》と同《おな》じです。

⑥ 同じ数《すう》の入る異《こと》なるブロックが，たて，横に接《せっ》することはありません。

「推理」や「条件整理」の感覚を育成するパズルです。解き方（ルール）を丁寧に理解しましょう。
ルールから得られる条件によって，次の一手が得られることに気付けるかどうかがポイントです。

〔　　月　　日〕

63 推《すい》理《り》算《ざん》

目標時間は３分

分　　秒

Q 次《つぎ》の問題《もんだい》を図《ず》やメモはかかないで，頭《あたま》の中《なか》で考《かんが》えて解《と》きましょう。わからなかったり，まちがえた場合《ばあい》に図《ず》をかいて確認《かくにん》してください。

（１） A君《くん》，B君，C君，D君の４人《にん》がマラソンをしました。その結果《けっか》は次《つぎ》の通《とお》りです。

① B君は，１位《い》でも２位でもありません。
② C君はA君に勝《か》ちましたが，D君に負《ま》けました。
③ A君は４位ではありません。

１位から４位までの順位《じゅんい》を書《か》きましょう。

１位	２位	３位	４位

（２） A君，B君，C君，D君の４人が 50 m《メートル》競走《きょうそう》をしました。その結果は次の通りです。

① A君はD君に勝ちましたが，B君に負けました。
② B君は１位ではありません。

１位から４位までの順位を書きましょう。

１位	２位	３位	４位

「論理思考」と「条件整理」の感覚を育成するパズルです。複数の条件を整理しながら考える必要があります。どうしてもわからない場合は表などを使って考えてもかまいませんが，整理をする力を養うためにも頭の中だけで考えましょう。

〔　　月　　日〕

64 推《すい》理《り》算《ざん》

目標時間は3分

分　　秒

Q 次《つぎ》の問題《もんだい》を図《ず》やメモはかかないで，頭《あたま》の中《なか》で考《かんが》えて解《と》きましょう。わからなかったり，まちがえた場合《ばあい》に図《ず》をかいて確認《かくにん》してください。

（1）　A君《くん》，B君，C君，D君の4人《にん》が 50 m《メートル》競走《きょうそう》をしました。その結果《けっか》は次《つぎ》の通《とお》りです。

①　B君は，D君に勝《か》ちました。

②　A君は2位《い》で，B君に負《ま》けました。

③　C君は，4位ではありません

1位から4位までの順位《じゅんい》を書きましょう。

1位	2位	3位	4位

（2）　A君，B君，C君，D君の4人が 100 m競走をしました。その結果は次の通りです。

①　C君は，A君に負けました。

②　B君は3位で，C君に負けました。

1位から4位までの順位を書きましょう。

1位	2位	3位	4位

「論理思考」と「条件整理」の感覚を育成するパズルです。複数の条件を整理しながら考える必要があります。どうしてもわからない場合は表などを使って考えてもかまいませんが，整理をする力を養うためにも頭の中だけで考えましょう。

〔　　月　　日〕

仮説思考 中　級　パズル道場検定

時間は20分
分　　秒

1

2			5	4				
6				2		5		
						2	7	4
	3						5	2
3	9	7						
						7	4	
			2		5			1
		4	9	8				
	2	5			9			

2 A，B，C，Dの４人《にん》が 100 m《メートル》競走《きょうそう》をしました。
その結果《けっか》について，４人が次《つぎ》のように言《い》っています。

A：「ぼくは４位《い》だった。」

B：「ぼくはC君《くん》に勝《か》った。」

C：「ぼくは１位か２位だった。」

D：「ぼくより速《はや》い人《ひと》がいた。」

しかし，４人が言っていることはすべてウソでした。このとき，４人の順位《じゅんい》を答えなさい。

１位	２位	３位	４位

3

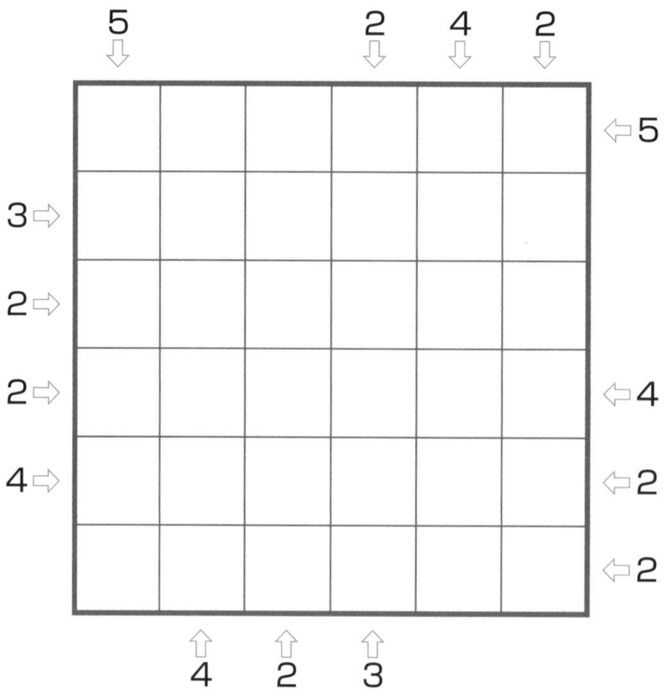

4

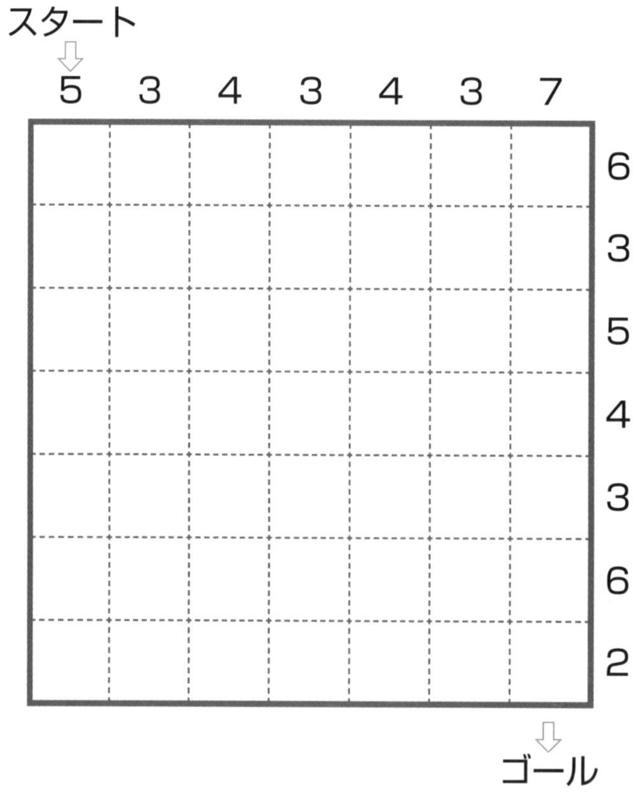

天才脳ドリル　仮説思考　中級

解答編

1

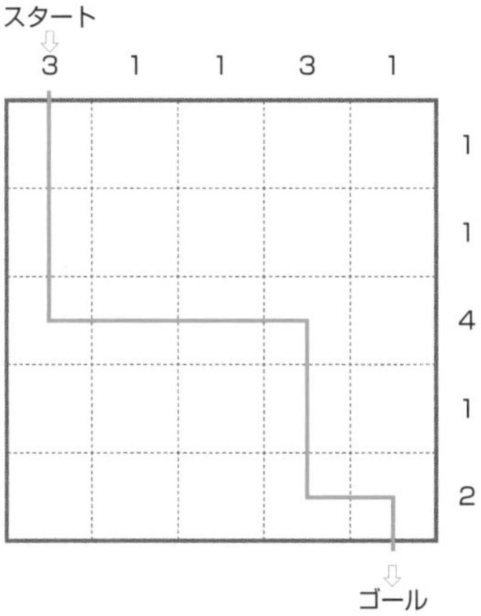

2

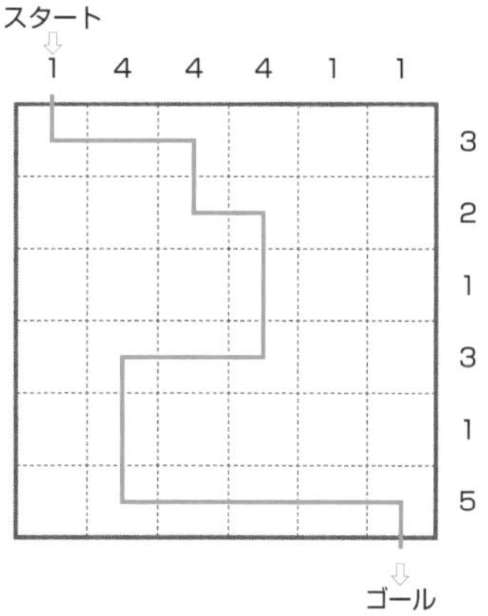

3

（1）8 + 5 − 9 + 3 = 7

（2）11 − 3 − 5 + 7 = 10

4

（1）4 + 8 + 7 − 5 = 14

（2）16 − 7 + 8 − 9 = 8

5

（1）

9	5	4
1	6	11
8	7	3

（2）

11	4	21
22	12	2
3	20	13

6

（1）

9	2	10
8	7	6
4	12	5

（2）

2	21	10
19	11	3
12	1	20

7

（1）1番：さとし　2番：けい子　3番：かずや

（2）1番：次郎　2番：花子　3番：太郎

8

（1）1番：たかし　2番：よしお　3番：ひとみ

（2）1番：次郎　2番：太郎　3番：花子

9

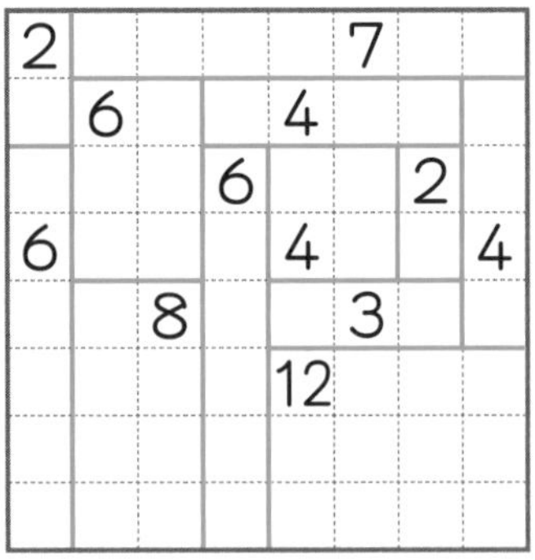

10

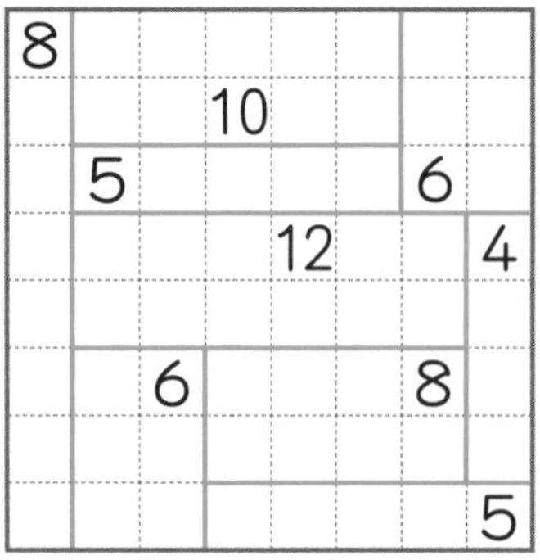

11

	3	2		2	
2	2	1	4	3	2
	3	4	1	2	2
3	1	3	2	4	
	4	2	3	1	
		3	2		

12

			3		
	4	3	1	2	3
2	2	4	3	1	3
	3	1	2	4	
3	1	2	4	3	
		2		2	

13

8	5	4	3	6	1	7	9	2
7	9	3	8	5	2	1	4	6
6	1	2	9	7	4	5	8	3
4	3	8	2	9	5	6	7	1
5	2	7	4	1	6	8	3	9
9	6	1	7	3	8	2	5	4
3	7	5	1	2	9	4	6	8
2	4	6	5	8	3	9	1	7
1	8	9	6	4	7	3	2	5

14

8	5	4	7	9	2	3	6	1
7	9	3	1	4	6	8	5	2
6	1	2	5	8	3	9	7	4
4	3	8	6	7	1	2	9	5
5	2	7	8	3	9	4	1	6
9	6	1	2	5	4	7	3	8
3	7	5	4	6	8	1	2	9
2	4	6	9	1	7	5	8	3
1	8	9	3	2	5	6	4	7

15

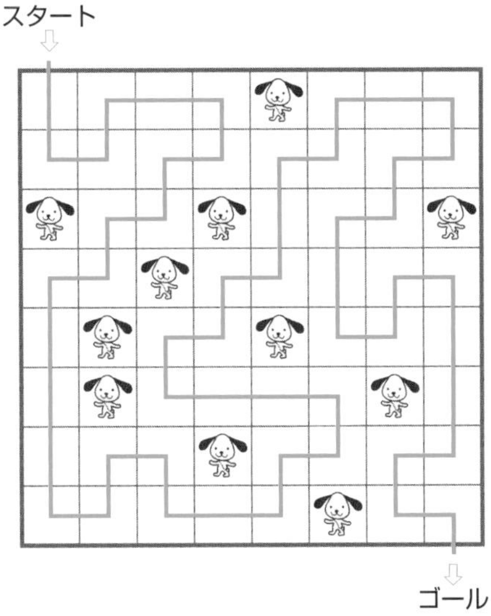

16

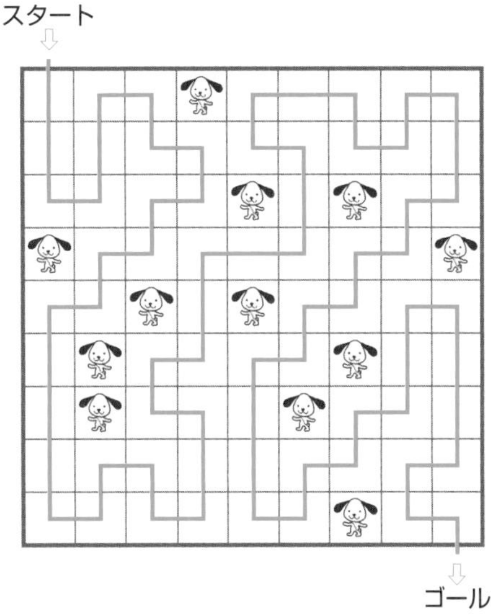

17

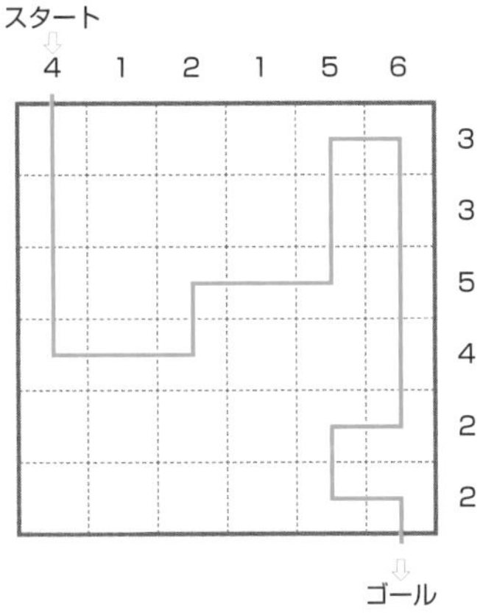

18

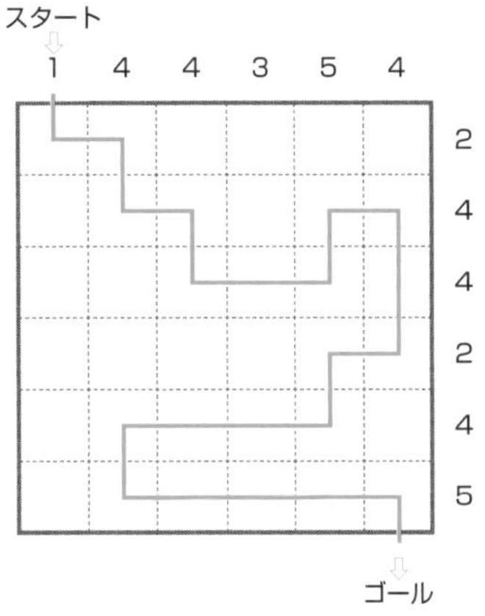

19

（1）19 ＋ 7 ＋ 12 − 18 ＝ 20

（2）16 − 11 ＋ 7 ＋ 6 ＝ 18

20 (1) 10 + 2 − 6 + 3 = 9

(2) 13 + 5 − 3 − 6 = 9

21 (1)

11	7	6
3	8	13
10	9	5

(2)

13	6	23
24	14	4
5	22	15

22 (1)

11	4	12
10	9	8
6	14	7

(2)

4	23	12
21	13	5
14	3	22

23 (1) 1番：みち子　2番：とおる　3番：けい子

(2) 1番：ひろし　2番：とも子　3番：めぐみ

24 (1) 1番：ひろし　2番：たつや　3番：けい子

(2) 1番：めぐみ　2番：とも子　3番：ひろし

25

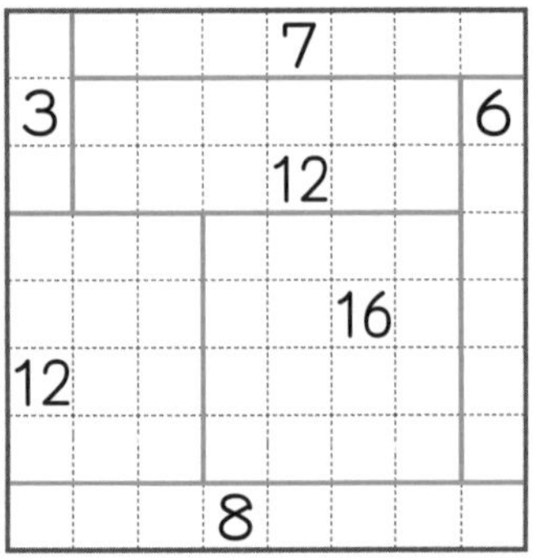

26

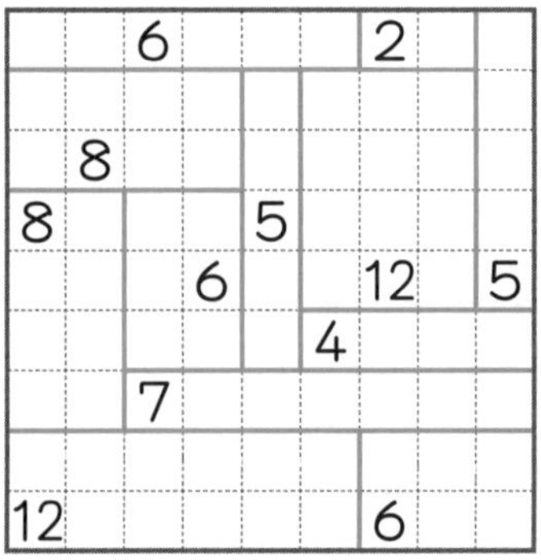

27

		2⇩			
3⇨	1	3	4	2	⇦2
3⇨	2	1	3	4	
	4	2	1	3	
	3	4	2	1	⇦3
	⇧2		⇧3	⇧3	

28

			2⇩		
	2	4	3	1	
1⇨	4	3	1	2	⇦3
	3	1	2	4	
	1	2	4	3	⇦2
		⇧3			

29

2	6	4	9	1	8	3	5	7
1	3	5	4	7	2	8	9	6
9	7	8	5	3	6	2	1	4
3	2	7	1	8	4	5	6	9
4	1	6	3	9	5	7	2	8
8	5	9	6	2	7	1	4	3
7	4	3	2	5	9	6	8	1
6	8	2	7	4	1	9	3	5
5	9	1	8	6	3	4	7	2

30

1	8	4	3	2	7	5	6	9
3	9	5	4	1	6	7	2	8
6	2	7	8	5	9	1	4	3
2	5	9	7	4	3	6	8	1
7	4	1	6	8	2	9	3	5
8	6	3	5	9	1	4	7	2
9	1	8	2	6	4	3	5	7
4	7	2	1	3	5	8	9	6
5	3	6	9	7	8	2	1	4

31

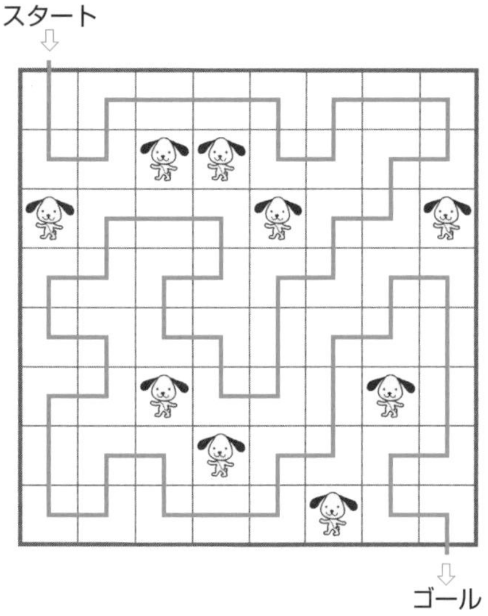

32

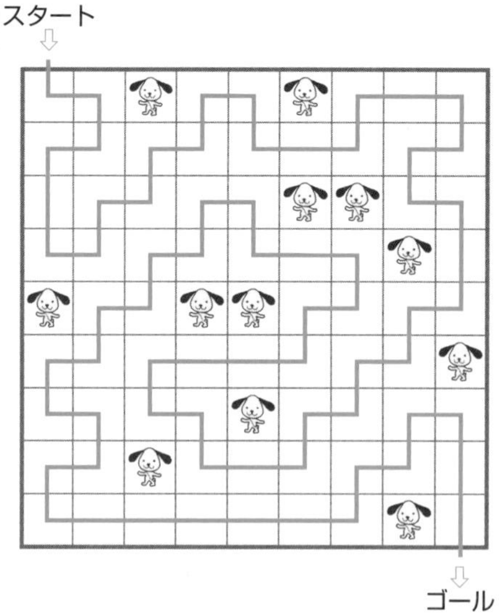

33

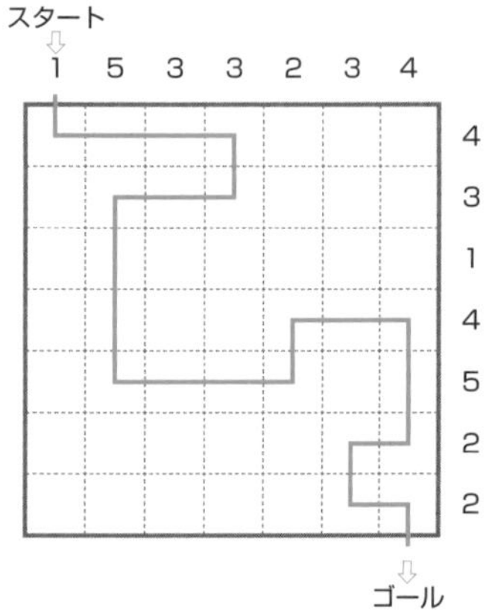

34

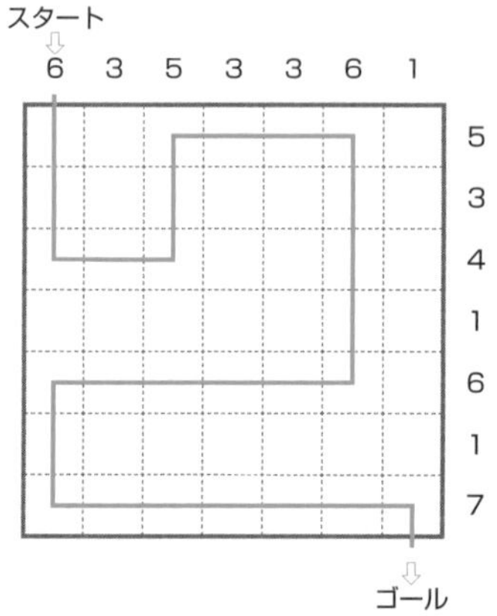

35

（1）

10	6	5
2	7	12
9	8	4

（2）

12	5	22
23	13	3
4	21	14

36

（1）

10	3	11
9	8	7
5	13	6

（2）

3	22	11
20	12	4
13	2	21

37

		1	○	○
0				3
		1		○
		○		
1	○	2		0

(5)

38

			○	1
	0			
			○	1
	○	2		
	1		1	○

(4)

39

2	2	5	1	3
5	3	5	5	4
4	1	2	2	1
4	1	3	3	4

40

2	3	4	2	1	1
1	3	4	5	5	5
1	3	2	2	4	3
4	5	5	1	4	3
2	2	3	1	4	5

41

2	2	1	6	6
6	6	2	2	6
2	6	1	6	6
2	6	2	6	2
6	6	2	1	2

42

2	6	2	1	2
2	6	2	6	2
6	6	1	6	6
6	6	2	2	6
2	2	1	6	6

43
(1) 1位：B　2位：A　3位：C　4位：D
(2) 1位：A　2位：C　3位：B　4位：D

44
(1) 1位：D　2位：C　3位：B　4位：A
(2) 1位：B　2位：A　3位：C　4位：D

45

								12
		6						
					9			
6			12					3
					6			
	9					9		
				9				

46

		6							4
				4			4		
	6								
					6				4
		6					9		
7					8				
							4		8
						6			
			8						
					6			4	

47

		3⇩			
2⇨	3	1	2	4	
3⇨	1	2	4	3	⇦2
	2	4	3	1	
	4	3	1	2	⇦3
		⇧2	⇧3		

48

	3⇩	2⇩			
	2	1	4	3	
	3	4	1	2	⇦2
3⇨	1	3	2	4	
	4	2	3	1	⇦3
		⇧3	⇧2		

49

4	3	8	2	9	5	6	7	1
5	2	7	4	1	6	8	3	9
9	6	1	7	3	8	2	5	4
3	7	5	1	2	9	4	6	8
2	4	6	5	8	3	9	1	7
1	8	9	6	4	7	3	2	5
8	5	4	3	6	1	7	9	2
7	9	3	8	5	2	1	4	6
6	1	2	9	7	4	5	8	3

50

1	2	9	4	6	8	3	7	5
5	8	3	9	1	7	2	4	6
6	4	7	3	2	5	1	8	9
3	6	1	7	9	2	8	5	4
8	5	2	1	4	6	7	9	3
9	7	4	5	8	3	6	1	2
2	9	5	6	7	1	4	3	8
4	1	6	8	3	9	5	2	7
7	3	8	2	5	4	9	6	1

51

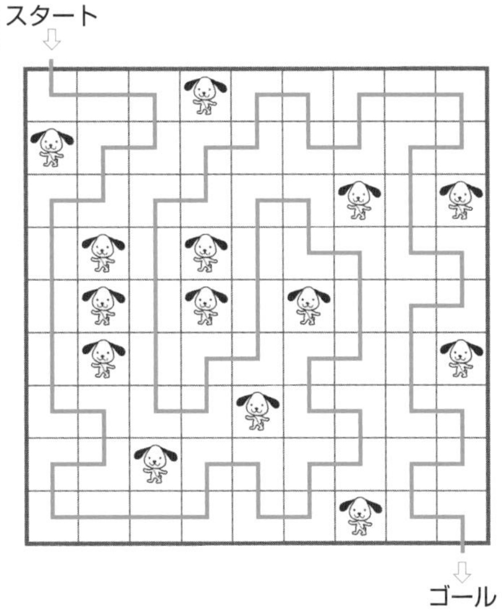

52

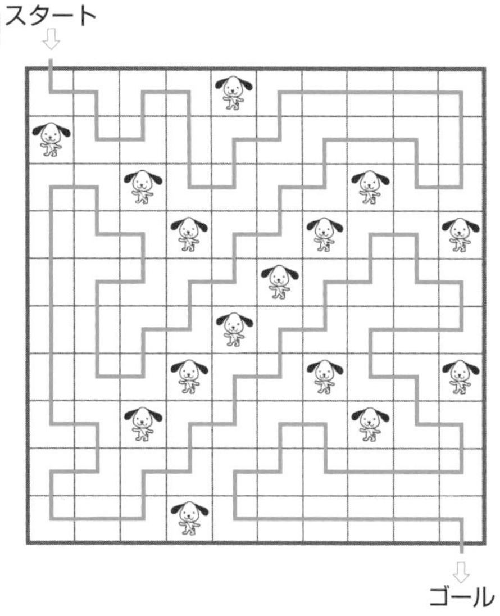

53

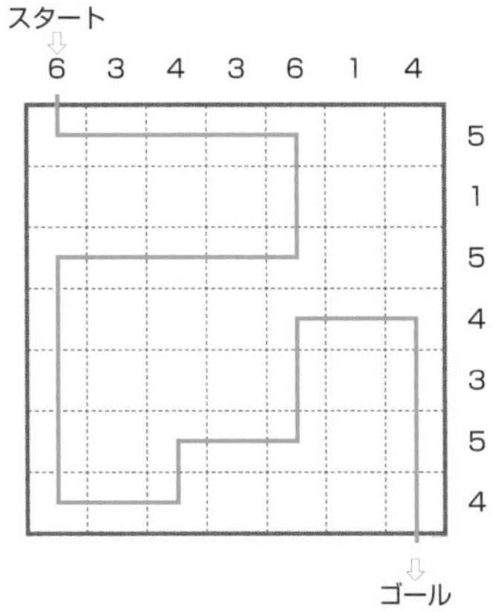

54

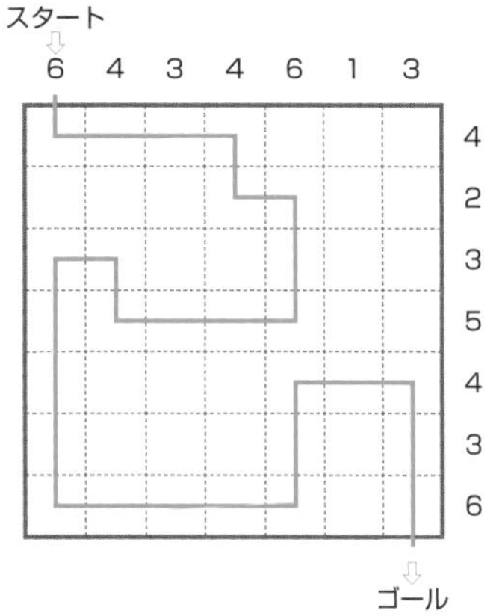

55

(1)

12	8	7
4	9	14
11	10	6

(2)

14	7	24
25	15	5
6	23	16

56

(1)

12	5	13
11	10	9
7	15	8

(2)

5	24	13
22	14	6
15	4	23

57

	0		○	1
		3	○	1
1	○	○		
	2		1	

(4)

58

	1	○		
		1		1
	1			○
○		1		1
○	3	○	1	

(5)

59

3	2	5	2	3
4	4	5	4	4
1	1	2	1	1
3	5	3	5	1
2	2	3	5	4

60

2	3	4	2	1	1
1	3	4	5	5	5
1	3	2	2	4	3
4	5	5	1	4	3
2	2	3	1	4	5

61

2	2	6	6	6	2
8	8	2	6	6	2
2	8	2	6	2	8
2	8	8	8	2	8
8	8	2	2	8	8
2	2	8	8	8	8

62

8	3	3	6	6	6
8	8	3	6	3	6
8	3	1	3	3	6
8	3	3	5	5	5
8	8	8	3	3	5
3	3	3	1	3	5

63

（1）1位：D　2位：C　3位：A　4位：B
（2）1位：C　2位：B　3位：A　4位：D

64

（1）1位：B　2位：A　3位：C　4位：D
（2）1位：A　2位：C　3位：B　4位：D

パズル道場検定

1

2	8	9	5	4	7	6	1	3
6	7	1	3	2	4	5	8	9
9	5	3	1	6	8	2	7	4
4	3	8	7	1	6	9	5	2
3	9	7	4	5	1	8	2	6
5	1	2	6	9	3	7	4	8
8	4	6	2	7	5	3	9	1
7	6	4	9	8	2	1	3	5
1	2	5	8	3	9	4	6	7

2 1位：D　　2位：A　　3位：C　　4位：B

3

	5⇩			2⇩	4⇩	2⇩	
	1	6	5	4	3	2	⇦5
3⇨	3	5	2	1	4	6	
2⇨	4	2	1	6	5	3	
2⇨	5	4	6	3	2	1	⇦4
4⇨	2	1	3	5	6	4	⇦2
	6	3	4	2	1	5	⇦2
		⇧4	⇧2	⇧3			

4

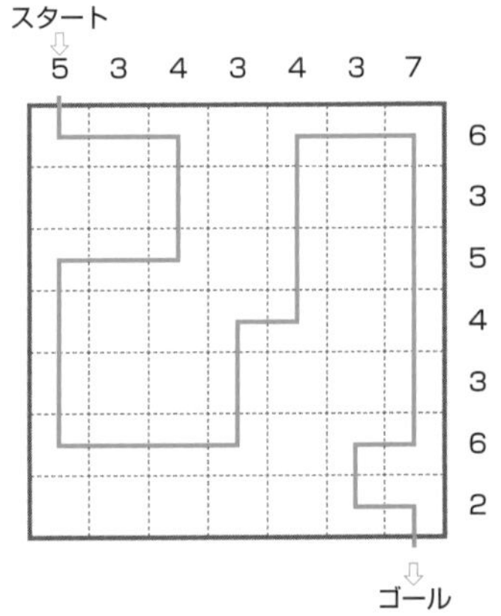

「パズル道場検定」が時間内《じかんない》でできたときは，次ページの天才脳《てんさいのう》ドリル仮説思考中級《かせつしこうちゅうきゅう》「認定証《にんていしょう》」を授与《じゅよ》します。おめでとうございます。

認《にん》定《てい》証《しょう》

仮《か》説《せつ》思《し》考《こう》 中《ちゅう》級《きゅう》

殿《どの》

あなたはパズル道《どう》場《じょう》検《けん》定《てい》において、仮説思考コースの中級に合《ごう》格《かく》しました。ここにその努《ど》力《りょく》をたたえ認《にん》定《てい》証《しょう》を授《じゅ》与《よ》します。

年　月

パズル道場

山下善徳・橋本龍吾